Answers to

Progressive MATHS

for School

Answers to

Progressive MATHS

for School

Julie MacLure

Thank you Duncan Lockerbie

Published by Julie MacLure, with the assistance of:

Lumphanan Press
Roddenbrae
Lumphanan
Aberdeenshire
AB31 4RN

http://www.lumphananpress.co.uk

ISBN: 978-0-9955323-4-2

Interactive Learning Psychological Services Limited

The Answers

UNIT 1

Page 9

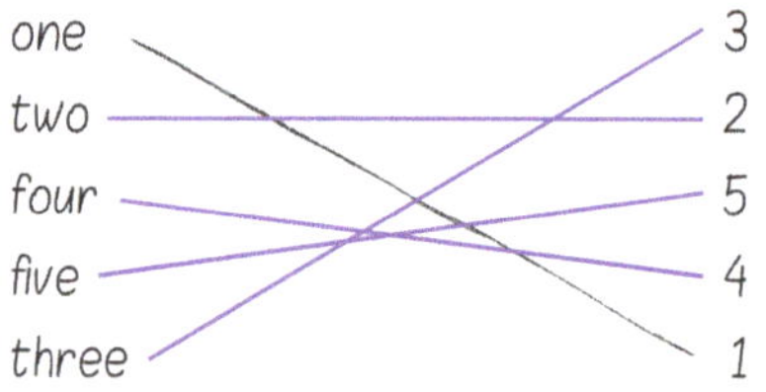

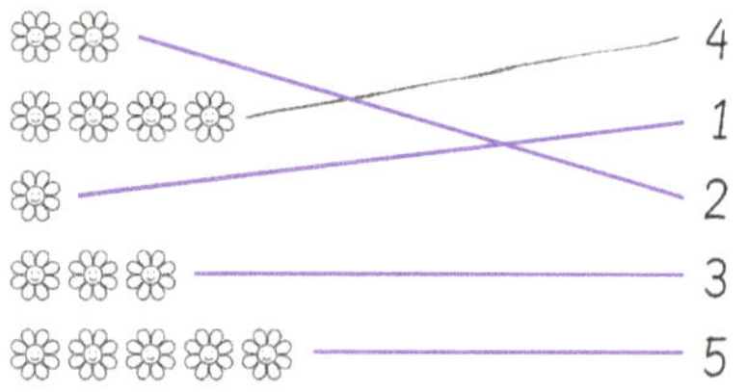

Page 10

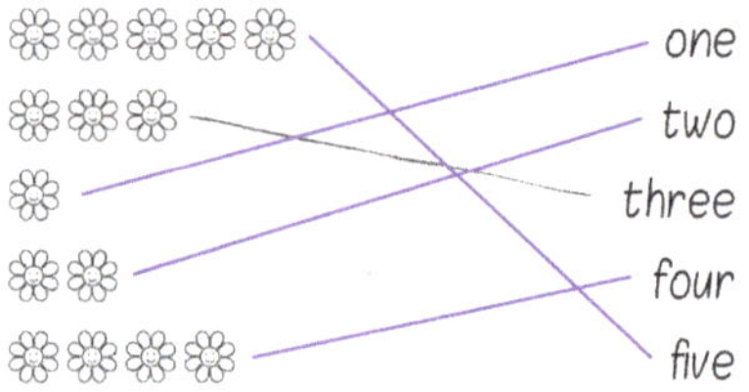

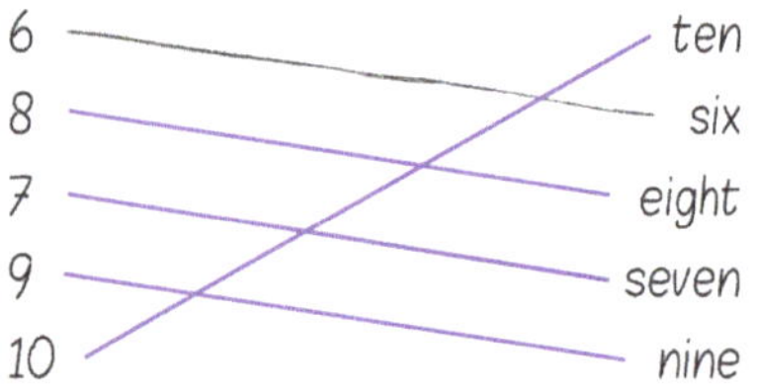

Page 11

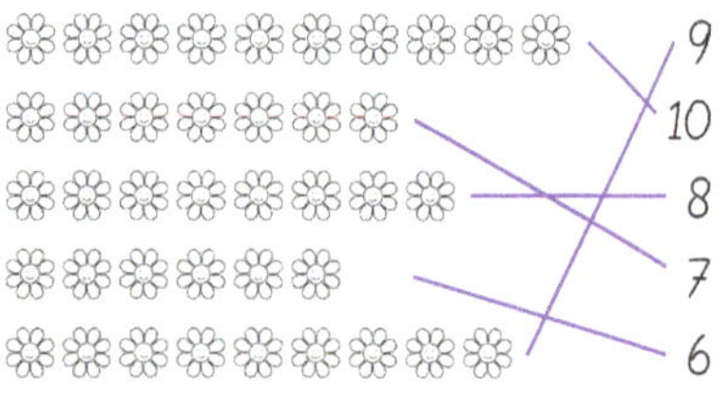

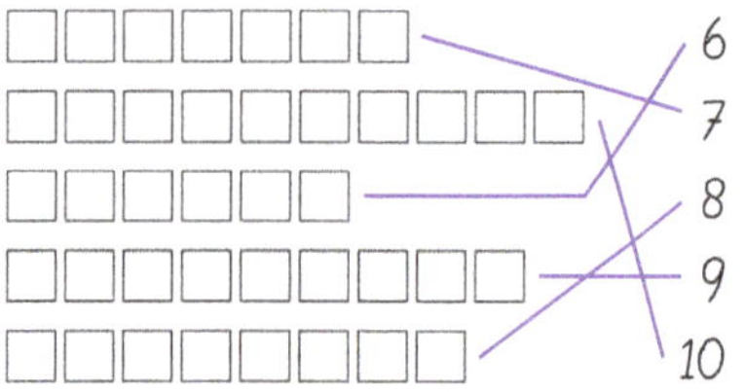

Page 12

1, 2, 3, 4, 5, 6, 7, 8, 9, 10

Page 13

Page 14

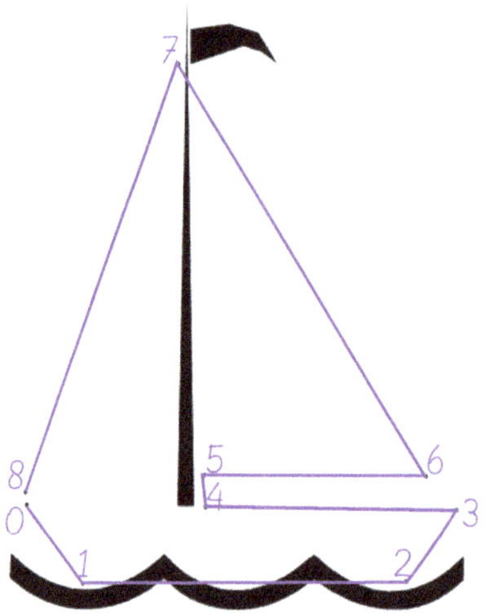

UNIT 2

Page 21

2, 1, 1

Page 22

2, 2, 2

Page 23

3, 3, 3

Page 24

3, 4, 4

Page 25

4, 4, 4

Page 26

5, 5, 5

Page 27

5, 5, 5

Page 28

6, 6, 6

Page 29

6, 6, 6

Page 30

6, 7, 7

Page 31

7, 7, 7

Page 32

7, 7, 7

Page 33

8, 8, 8

Page 34

8, 8, 8

Page 35

8, 8, 8

Page 36

9, 9, 9

Page 37

9, 9, 9

Page 38
9, 9, 9

Page 39
10, 10, 10

UNIT 3

Page 45

14. 1 bundle of 10 plus 4
15. 1 bundle of 10 plus 5
16. 1 bundle of 10 plus 6
17. 1 bundle of 10 plus 7
18. 1 bundle of 10 plus 8
19. 1 bundle of 10 plus 9
20. 2 bundles of 10

Page 46

1	3	13	Thirteen
1	4	14	Fourteen
1	5	15	Fifteen
1	6	16	Sixteen
1	7	17	Seventeen
1	8	18	Eighteen
1	9	19	Nineteen

Page 47
12, 13, 12, 13, 13

UNIT 4

Page 53
2, 3

Page 54
4, 5, 6

Page 55
7, 8, 9

Page 56
10, 2, 3

Page 57
4, 5, 6

Page 58
7, 8, 9

Page 59
10, 11, 3

Page 60
4, 5, 6

Page 61
7, 8, 9

Page 62
10, 11, 12

Page 63
4, 5, 6

Page 64
7, 8, 9

Page 65
10, 11, 12

Page 66
13, 5, 6

Page 67
7, 8, 9

Page 68
10, 11, 12

Page 69
13, 14, 6

Page 70
7, 8, 9

Page 71
10, 11, 12

Page 72
13, 14, 15

Page 73
7, 8, 9

Page 74
10, 11, 12

Page 75
13, 14, 15

Page 76
16, 8, 9

Page 77
10, 11, 12

Page 78
13, 14, 15

Page 79
16, 17, 9

Page 80
11, 12, 13

Page 81
14, 15, 16

Page 82
17, 18

Page 83
4, 6, 6, 11, 13, 21, 20

Page 84
4a, 8a, 5x

Page 85
2p, 7p, 30p, 35p

UNIT 5

Page 91
0, 1, 2

Page 92
3, 4, 5

Page 93
6, 7, 8

Page 94
0, 1, 2

Page 95
3, 4, 5

Page 96
6, 7, 0

Page 97
3, 2, 1

Page 98
4, 3, 2

Page 99
0, 1, 2

Page 100
3, 4, 5

Page 101
0, 1, 2

Page 102
3, 4, 1

Page 103
1, 2, 3

Page 104
0, 1, 2

Page 105
0, 1, 0

UNIT 6

Page 111
0, 2, 4, 6, 8, 10

2, 4, 6, 8, 10, 12, 14, 16, 18, 20, 22, 24, 26, 28, 30, 32, 34, 36, 38, 40, 42, 44, 46, 48, 50, 52, 54, 56, 58, 60, 62, 64, 66, 68, 70, 72, 74, 76, 78, 80, 82, 84, 86, 88, 90, 92, 94, 96, 98, 100

Page 112
0, 2, 4, 6, 8, 10, 12, 14, 16, 18, 20

Page 113

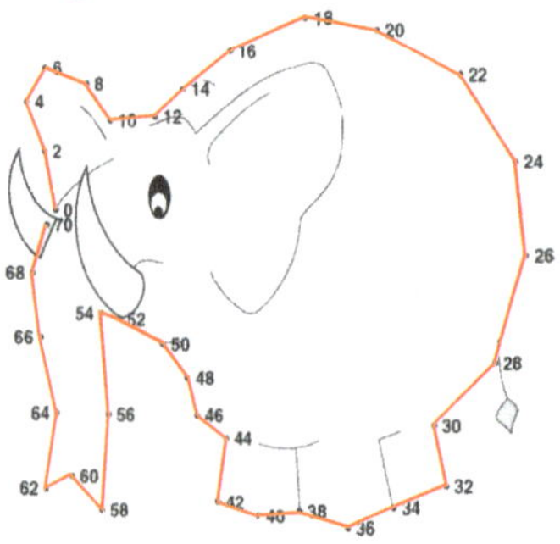

Page 114
0, 3, 6, 9, 12, 15, 18, 21, 24, 27, 30

Page 115

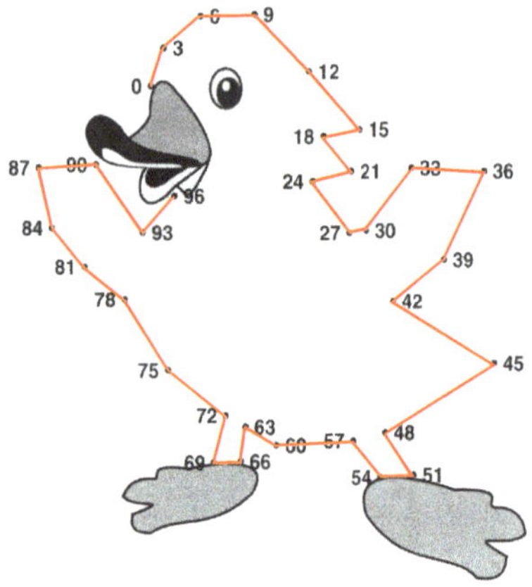

Page 116
3, 6, 9, 12, 15, 18, 21, 24, 27, 30, 33, 36, 39, 42, 45, 48, 51, 54, 57, 60, 63, 66, 69, 72, 75, 78, 81, 84, 87, 90, 93, 96, 99

Page 117
3
3 sets of 1 = 3
3 × 1 = 3

6
3 sets of 2 = 6
3 × 2 = 6

Page 118
0, 4, 8, 12, 16, 20, 24, 28, 32, 36, 40

Page 119
4, 8, 12, 16, 20, 24, 28, 32, 36, 40, 44, 48, 52, 56, 60,64, 68, 72, 76, 80, 84, 88, 92, 96

Page 120
0, 5, 10, 15, 20, 25, 30, 35, 40, 45, 50

Page 121

5, 10, 15, 20, 25, 30, 35, 40, 45, 50, 55, 60, 65, 70, 75, 80, 85, 90, 95, 100

Page 122

0, 10, 20, 30, 40, 50, 60, 70, 80, 90, 100

Page 123

10, 20, 30, 40, 50, 60, 70, 80, 90, 100

Page 124

0, 6, 12, 18, 24, 30, 36, 42, 48, 54, 60

Page 125

6, 12, 18, 24, 30, 36, 42, 48, 54, 60, 66, 72, 78, 84, 90, 96

Page 126

0, 7, 14, 21, 28, 35, 42, 49, 56, 63, 70

Page 127

7, 14, 21, 28, 35, 42, 49, 56, 63, 70, 77, 84, 91, 98

Page 128

0, 8, 16, 24, 32, 40, 48, 56, 64, 72, 80

Page 129

8, 16, 24, 32, 40, 48, 56, 64, 72, 80, 88, 96

Page 130

0, 9, 18, 27, 36, 45, 54, 63, 72, 81, 90

Page 131

9, 18, 27, 36, 45, 54, 63, 72, 81, 90, 99

UNIT 7

Page 137

1.b. 20 – 30

1.c. 20

Page 138

2.b. 20 – 30

2.c. 30

3.a. 20

3.b. 20

3.c. 10

3.d. 20

3.e. 20

3.f. 30

3.g. 30

3.h. 50

3.i. 40

3.j. 30

3.k. 40

3.l. 50

Page 139

b. 51 — **50** / 60

c. 93 — **90** / 100

d. 88 — 80 / **90**

e. 64 — **60** / 70

f. 56 — 50 / **60**

g. 81 — **80** / 90

h. 36 — 30 / **40**

i. 57 — 50 / **60**

j. 33 — **30** / 40

k. 26 — 20 / **30**

l. 44 — **40** / 50

a. 50p
b. 30p
c. 60p
d. 10p
e. 90p
f. 40p
g. 60p
h. 70p

---

a. 20cm
b. 20cm
c. 10cm
d. 30cm
e. 40cm
f. 30cm
g. 90cm
h. 90cm

Page 140

1.a. 32p → 30p
39p → 40p
1.b. 70p
1.c. 71p
1.d. 50p, 20p, 1p
1.e. 29p
2.a. 94p → 90p
44p → 40p
2.b. £1.30
2.c. £1.38
2.d. Estimate = 130p
Exact = 138p
Exact value is more
2.e. 12p

Page 141

3.a. 20 cm
3.b. 40 cm
3.c. 32cm
3.d. More
3.e. 26 cm → 30 cm
27 cm → 30 cm
4.a. 60 cm
4.b. 53 cm
4.c. Yes

UNIT 8

Page 147

1.b. 150 – 160
1.c. 150

Page 148

2.b. 130 – 140
2.c. 140
3.a. 120
3.b. 130
3.c. 170
3.d. 200
3.e. 260
3.f. 330
3.g. 260
3.h. 890
3.i. 740
3.j. 550
3.k. 590
3.l. 810

Page 149

b. 322 — **320** / 330
c. 368 — 360 / **370**
d. 441 — **440** / 450
e. 402 — **400** / 410
f. 419 — 410 / **420**
g. 587 — 580 / **590**
h. 939 — 930 / **940**
i. 666 — 660 / **670**
j. 201 — **200** / 210
k. 789 — 780 / **790**
l. 736 — 730 / **740**

a. 560p
b. £4.30
c. £5.50
d. £8.90
e. £7.00
f. £3.00
g. £9.50
h. £8.90

i. 6m
j. 4m
k. 10m
l. 2m
m. 5m
n. 5m
o. 10m
p. 6m

Page 150

1.a. £1.50, 40p
1.b. £1.90
1.c. £1.94
2.a. 4m60, 2m10, 3m40
2.b. 10m
2.c. 10m 07cm (or 10.07m)
3.a. 60p, 50p
3.b. £1.10
3.c. £1.15
3.d. 85p

Page 151

4.a. 30 cm
4.b. 300 cm
4.c. Less
4.d. 330 cm
5.a. 2m60cm, 2m80cm
5.b. 5m 40cm
5.c. Yes
5.d. 5m 42cm
5.e. Yes

UNIT 9

Page 157

1. 15cm
2. 2cm
3. 4cm
4. 5cm

Page 158

5.a. 1cm
5.b. 3cm
5.c. 5cm
5.d. 6cm
5.e. 8cm
5.f. 14cm
5.g. 6cm

Page 159

6. AB = 9cm
BC = 6cm
CD = 5.5cm
DE = 5cm
EF = 5cm
7. AB = 5cm
BC = 1.5cm
CD = 4cm
DE = 6.5cm
EF = 4cm
FC = 6.5cm
FA = 1.5cm

Page 160

8.a. 1cm
8.b. 3cm
8.c. 5cm
8.d. 9cm
8.e. 11cm

Page 161

1. 3cm, 5cm, 10cm
2. 1cm, 4cm, 6cm, 12cm
3. 1cm, 2cm, 8cm, 9cm
4. 3cm, 5cm, 11cm, 13cm

1. 11cm, 8cm, 2cm
2. 44cm, 14cm, 4cm
3. 12cm, 9cm, 5cm, 2cm, 1cm

UNIT 10

Page 169

a. 50cm
b. 25cm
c. 50cm
d. 25cm

Page 170

1.a. 100cm
1.b. 300cm
1.c. 200cm
1.d. 500cm
1.e. 800cm
1.f. 600cm
2. 400cm
3. 300cm
4.a. 700cm
4.b. 200cm
5.a. 600cm, 300cm, 800cm, 400cm
5.b. 21m or 2100cm

Page 171

6.a. 1m
6.b. 2m
6.c. 4m
6.d. 6cm
6.e. 8m
6.f. 9m
7. 2m – 200cm
4m – 400cm
5m – 500cm
7m – 700cm

UNIT 11

Page 177

1. 1m 50cm, 150cm
2. 1m 70cm, 170cm
3. 1m 30cm, 130cm
4. 1m 40cm, 140cm
5. 1m 10cm, 110cm
6. 1m 90cm, 190cm

Page 178

1. 3m 20cm, 320cm
2. 2m 20cm, 220cm
3. 4m 25,cm 425cm
4. 1m 50cm, 150cm
5. 6m 30cm, 630cm
6. 4m 90cm, 490cm
7. 8m 80cm, 880cm
8. 2m 25cm, 225cm
9. 2m 50cm, 250cm
10. 11m 20cm, 1120cm

Page 179

1. 5m 50cm
5 metres 50 centimetres
2. 3m 20cm
3 metres 20 centimetres
3. 4m 90cm
4 metres 90 centimetres
4. 2m 25cm
2 metres 25 centimetres
5. 4m 40cm
4 metres 40 centimetres
6. 2m 80cm
2 metres 80 centimetres
7. 8m 80cm
8 metres 80 centimetres
8. 9m 40cm
9 metres 40 centimetres
9. 1m 50cm
1 metre 50 centimetres
10. 1m 25cm
1 metre 25 centimetres
11. 1m 60cm
1 metre 60 centimetres
12. 2m 30cm
2 metres 30 centimetres

Page 180

1. 3m 80cm
2. 5m 10cm
3. 4m 80cm
4. 4m 75cm
5. 9m 20cm
6. 13m
7. 8m 40cm
8. 8m 70cm
9. 5m
10. 5m

Page 181

1. 2m50 + 1m + 2m50
+ 1m = 7m
2. 60cm + 55cm + 50cm
= 165cm or 1m 65cm
3.a. 90cm + 90cm + 90cm
+ 90cm = 360cm
3.b. No

Page 182

4. 20 trees
5.a. 18m 60cm
5.b. 2 rolls
5.c. £6.50

UNIT 12

Page 188

a. 4cm
b. 1cm
c. 2cm
d. 3cm
e. 3cm
f. 3cm
g. 8cm

---

a. 22cm
b. 23cm
c. 33cm

Page 190

a. 8 cm^2
b. 6 cm^2
c. 28 cm^2
d. 28 cm^2
e. 8 cm^2
f. 19 cm^2
g. 14.5 cm^2

Page 191

a. 33 cm^2

b. 41 cm^2
c. 48 cm^2

Page 192

a. 55 cm^2
b. 28 cm^2
c. 37 cm^2

UNIT 13

Page 201

1. 2
2. 2
3. 2

Page 202

1. 1
2. 2
3. 1
4. 4
5. 4
6. 1
7. 1
8. 3
9. 4
10. 2
11. 2
12. 3
13. 5
14. 4
15. 6
16. 4
17. 4
18. 1
19. 3
20. 3

Page 203

21. 2
22. 7
23. 5
24. 5
25. 9
26. 10
27. 10
28. 7
29. 10
30. 9
31. 7
32. 9
33. 6
34. 5
35. 8
36. 8
37. 1
38. 5
39. 4
40. 1

Page 204

1. 1
2. 1
3. 2
4. 5
5. 4
6. 5
7. 4
8. 3
9. 9
10. 2
11. 2
12. 5
13. 6
14. 3
15. 4
16. 3
17. 5
18. 2
19. 5
20. 10

Page 205

1. 4
2. 10
3. 12
4. 16
5. 20
6. 8
7. 2
8. 6
9. 14
10. 18

Page 206

1. 1+2, 2+1
2. 1+8, 2+7, 3+6, 4+5, 5+4, 6+3, 7+2, 8+1
3. 1+5, 2+4, 3+3, 4+2, 5+1
4. 1+4, 2+3, 3+2, 4+1
5. 1+7, 2+6, 3+5, 4+4, 5+3, 6+2, 7+1

Page 207

1. +
2. −
3. +
4. ×
5. −
6. −
7. +
8. ×
9. ×
10. ×
11. ×
12. −

13. –
14. ÷
15. ÷
16. ÷
17. ×
18. –
19. ÷
20. ×

UNIT 14

Page 215
1. 2
2. 4
3. 4
4. 5

Page 216
1. 5
2. 5
3. 4
4. 6
5. 7
6. 3
7. 9
8. 7

Page 217
1. 1
2. 2
3. 2
4. 2
5. 2
6. 8
7. 5
8. 4

Page 218
1. 2
2. 4
3. 10
4. 6
5. 1
6. 2
7. 4
8. 5

Page 219
1. 6
2. 6
3. 8
4. 11
5. 9
6. 11
7. 13
8. 7

Page 220
1. 3
2. 2
3. 3
4. 0
5. 8
6. 4
7. 7
8. 1

Page 221
1. 8
2. 1
3. 3
4. 18
5. 7
6. 10
7. 8
8. 6

Page 222
1. 8
2. 5
3. 16
4. 4
5. 10
6. 3
7. 5
8. 0

Page 223
1. 18
2. 9
3. 38
4. 39
5. -17
6. 9
7. 20
8. 22

Page 224
1. 27
2. 7
3. 12
4. 5
5. 13
6. 1
7. 26
8. 33

Page 225
a.

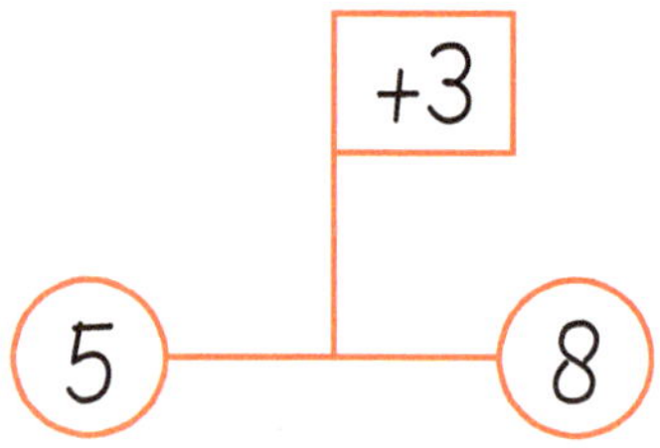

b. 3

a.

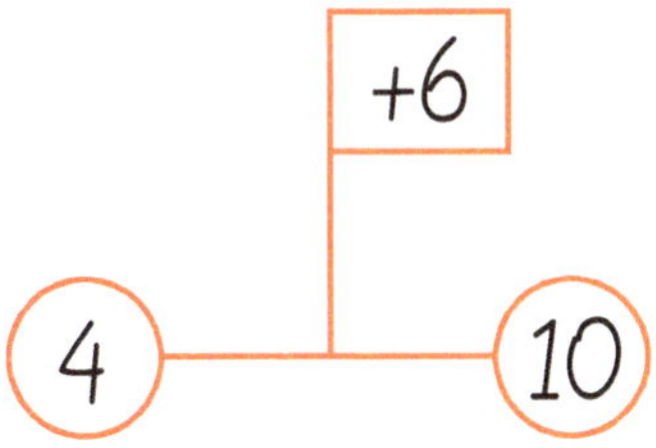

b. 6

a.

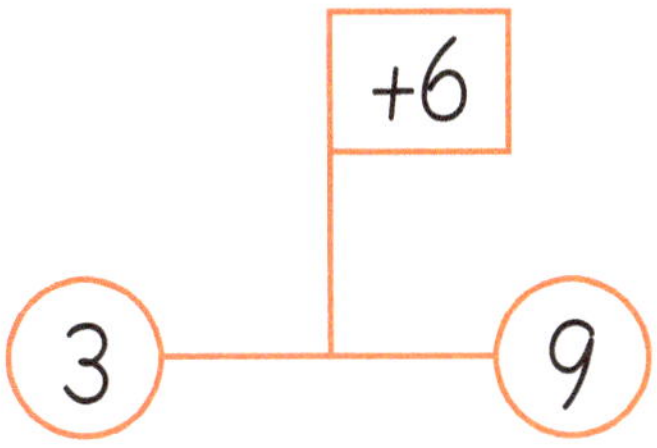

b. 6

a.

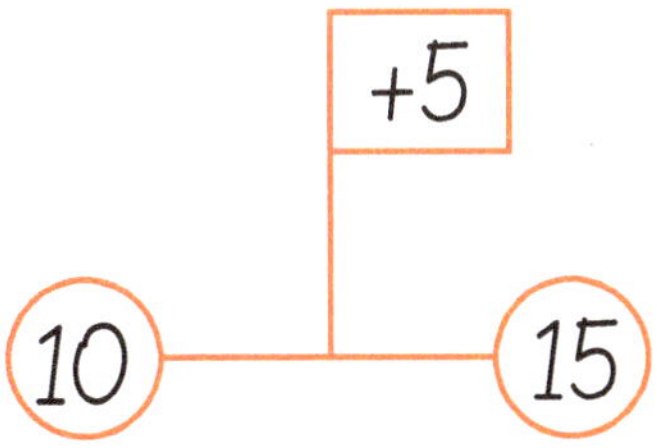

b. 5

a.

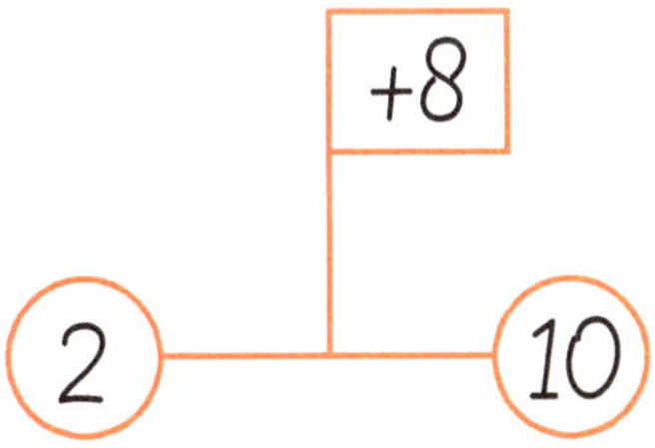

b. 8

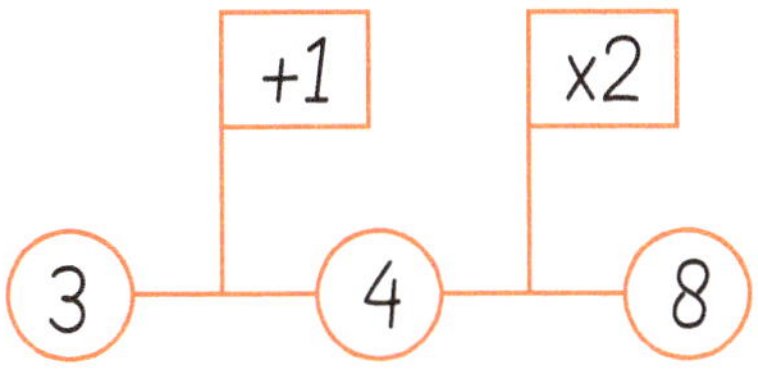

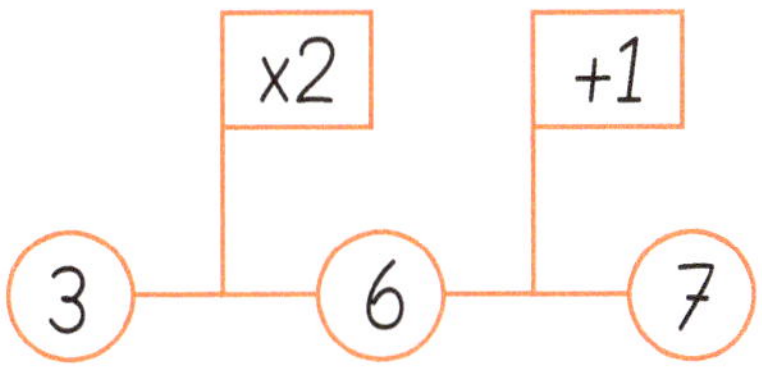

Page 226

b. 7

Page 227

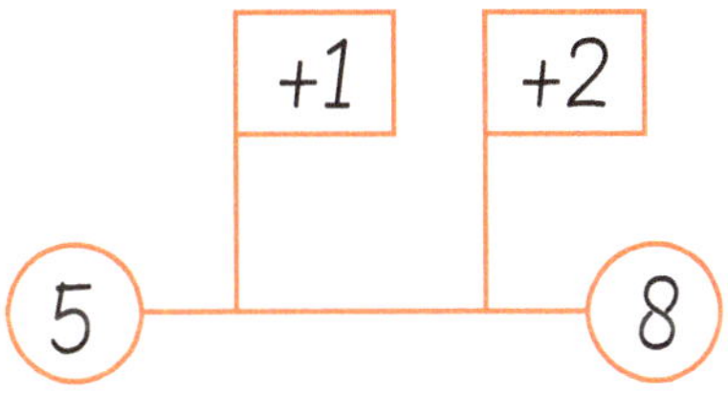

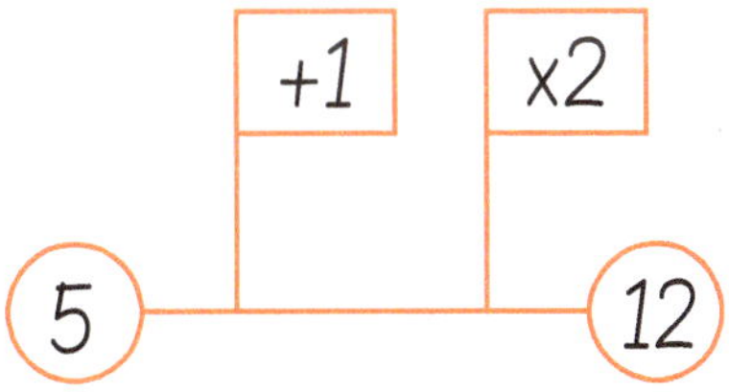

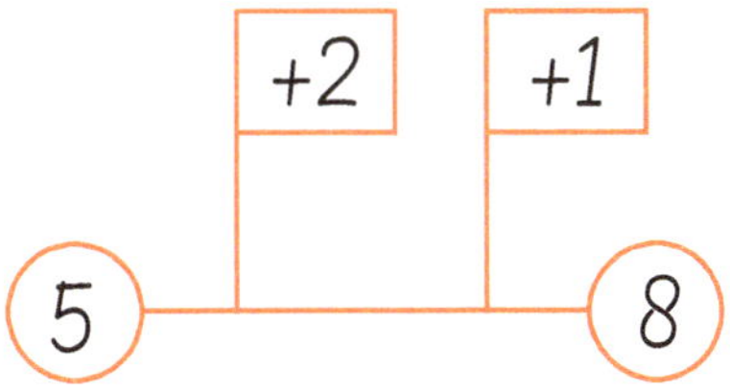

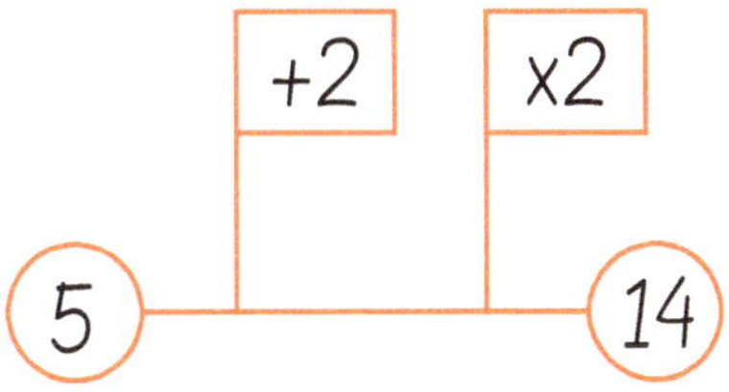

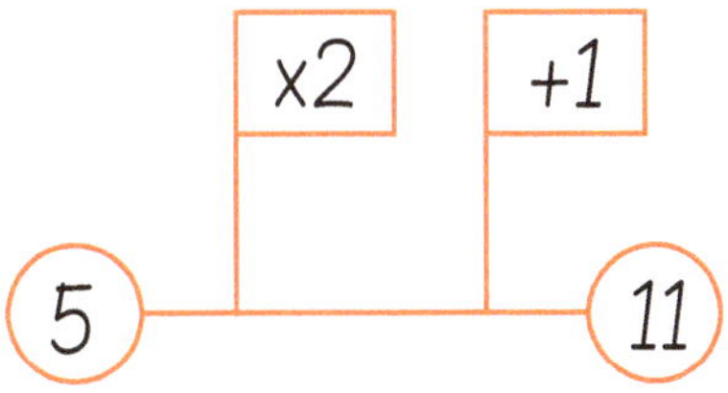

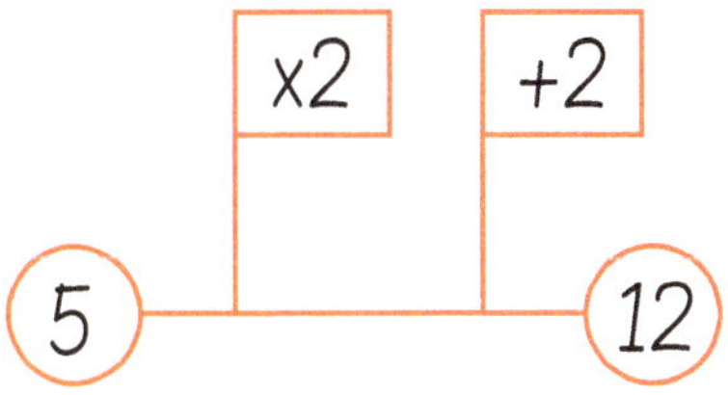

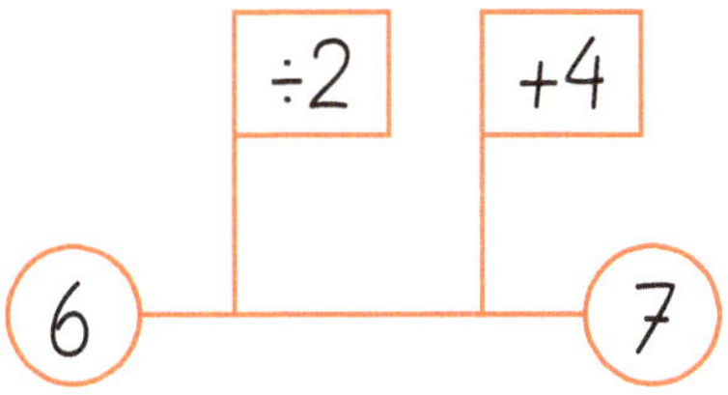

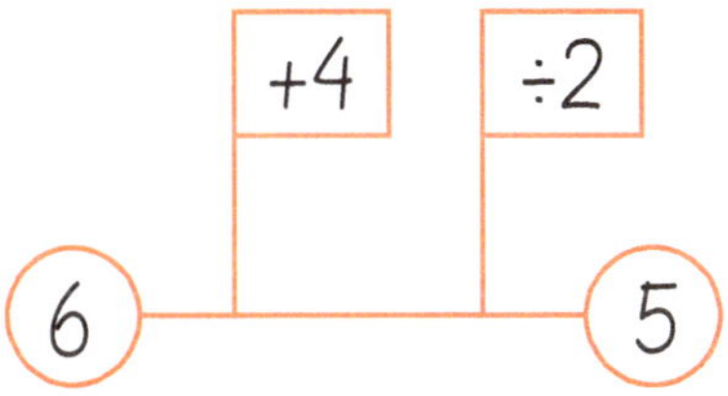

Page 228

1.

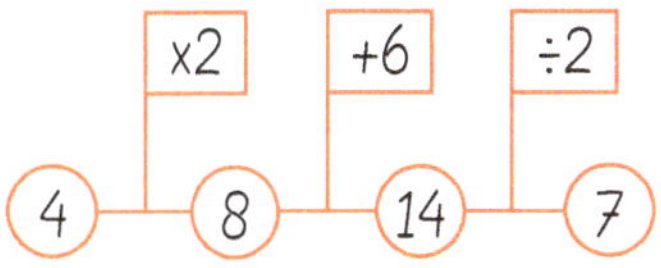

2.

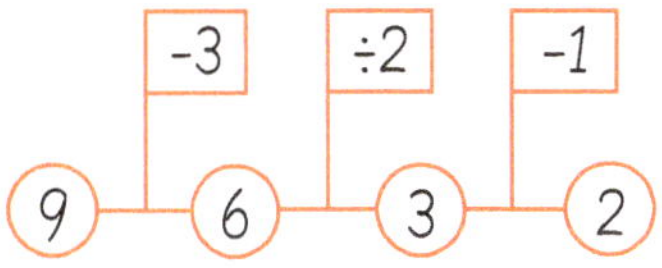

3.

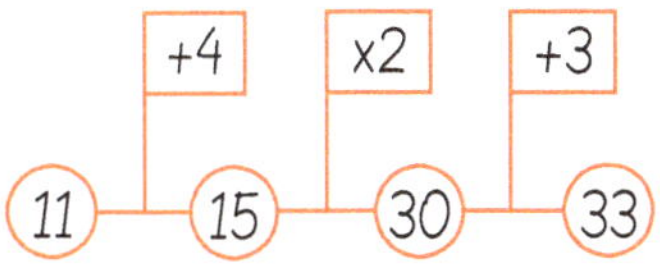

4.

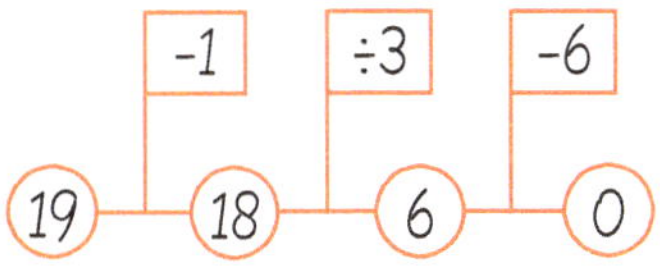

Page 229

1. 10
2. 4
3. 9
4. 5

Page 230

1cm triangle perimeter: 3cm

2cm triangle perimeter: 6cm

3cm triangle perimeter: 9cm

Page 231

1 = 3

2 = 6

3 = 9

4 = 12

5 = 15

6 = 18

The perimeter of the triangle is **3** times the **length of the side**.

Page 232

1cm square perimeter: 4cm

2cm square perimeter: 8cm

3cm square perimeter: 12cm

Page 233

1 = 4

2 = 8

3 = 12

4 = 16

5 = 20

6 = 24

The perimeter of the SQUARE is **4** times the **length of the side**.

UNIT 15

Page 239

1. 2
2. 5
3. 5
4. 5
5. 12
6. 10
7. 8
8. 9

Page 241

1. 1
   1
2. 7

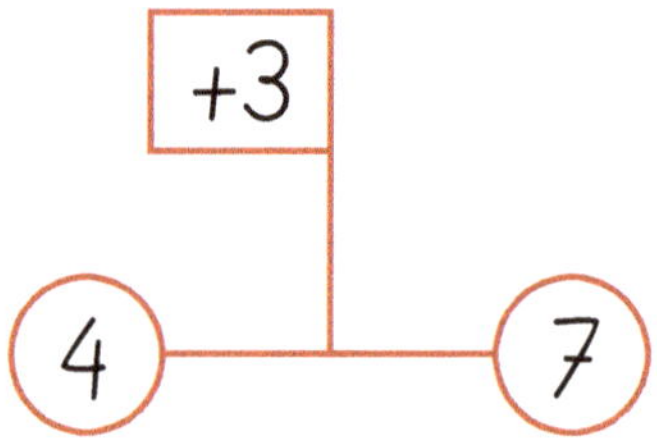

3. 2

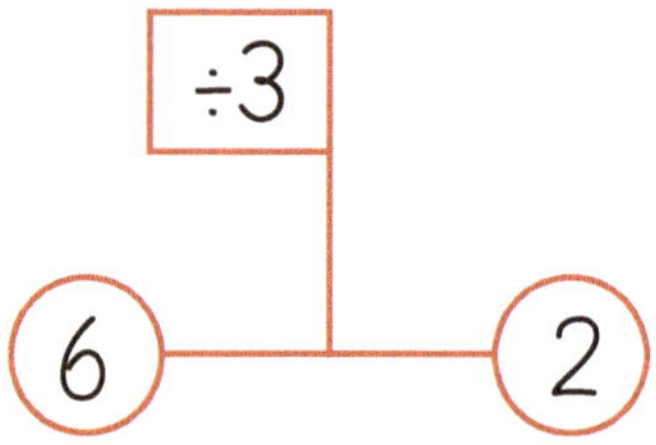

4. 8

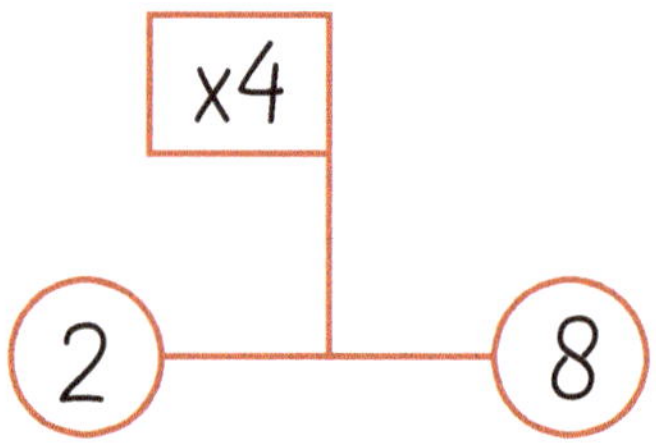

Page 242

5. 1, 2

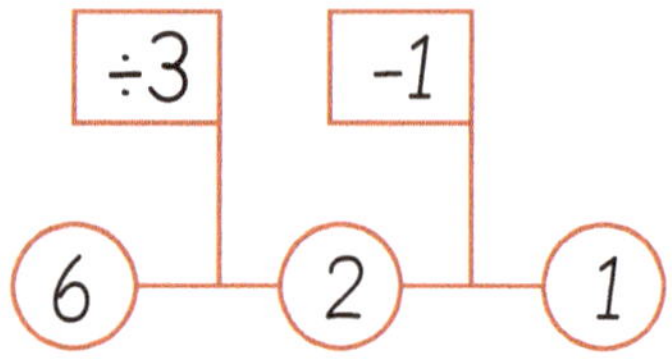

6. 11, 9

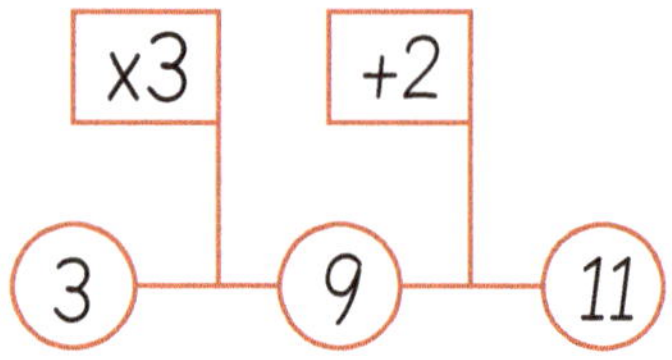

7. 1, 5

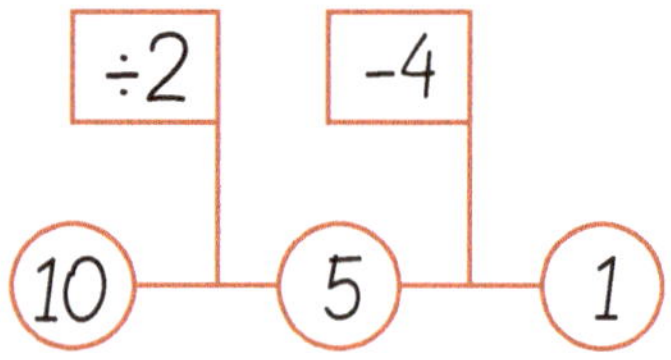

8. 6, 3

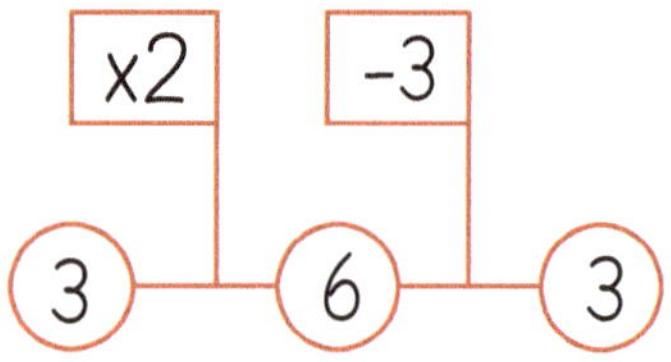

Page 243

1. 5
2. 5
3. 6
4. 8
5. 3
6. 20

Page 244

1. 5, 10
2. 7, 8
3. 3, 2
4. 5, 1
5. 4, 20
6. 6, 8
7. 2, 2
8. 4, 9

9. 2, 12
10. 5, 10

Page 245

1. 2
2. 4
3. 2
4. 5
5. 6
6. 9
7. 6
8. 13
9. 12
10. 14

Page 246

1.
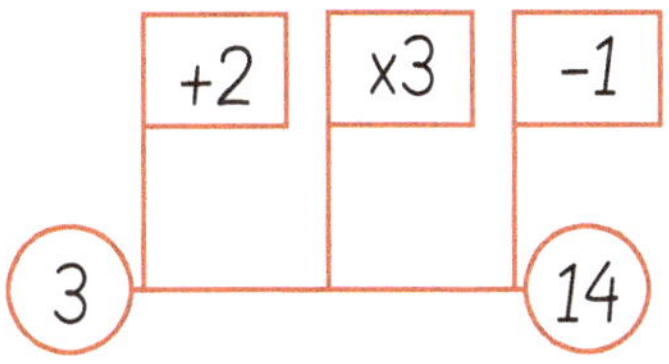

2.
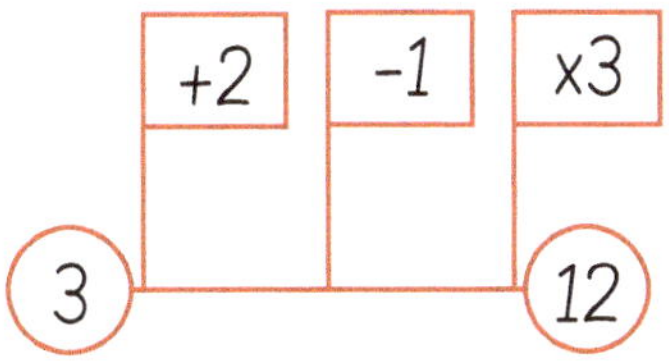

3.
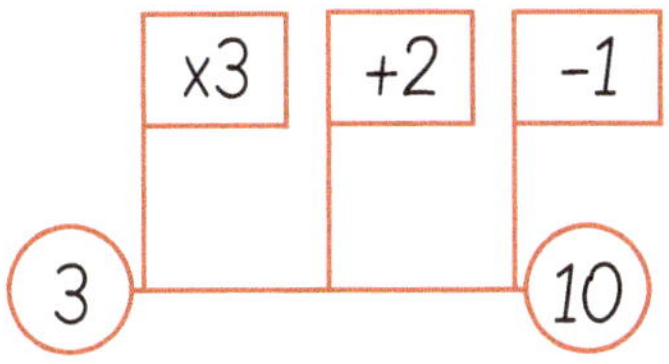

4.
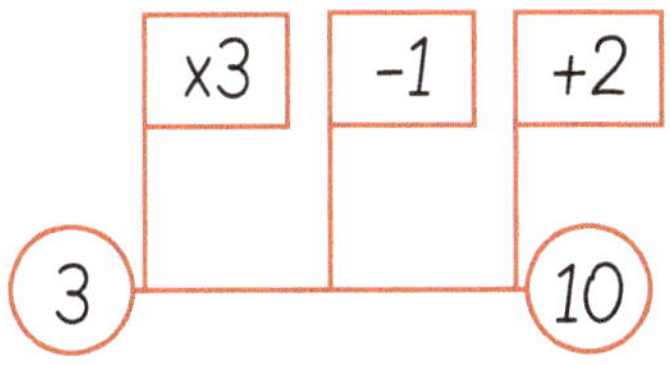

5.
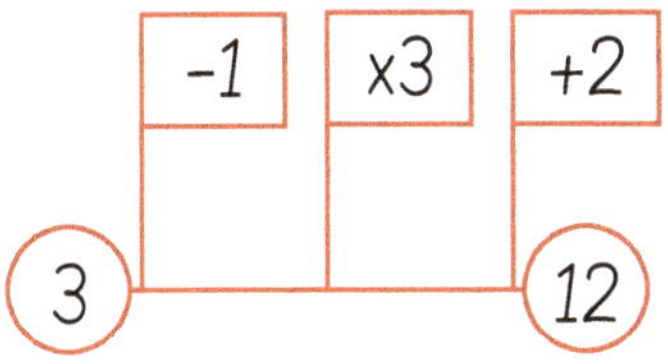

6.
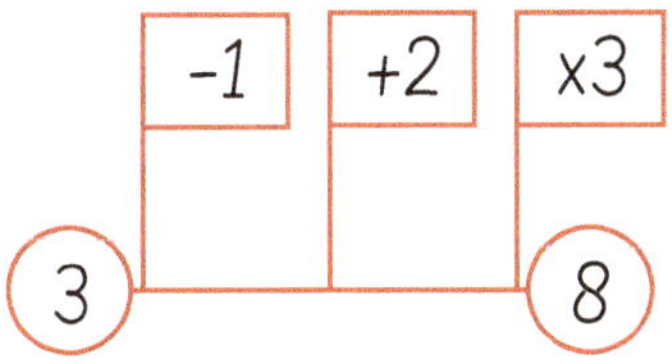

Page 247

1. 3, 5, 15, 14
2. 3, 5, 4, 12
3. 3, 9, 11, 10
4. 3, 9, 8, 10
5. 3, 2, 6, 8
6. 3, 2, 4, 12

Page 248

1.
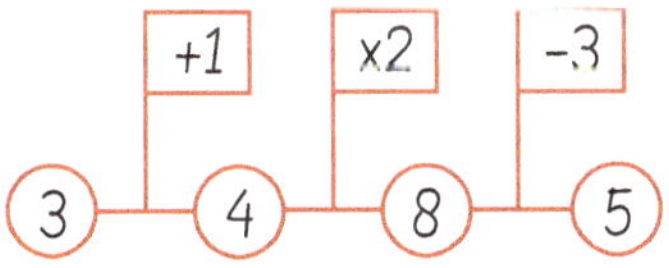

2.
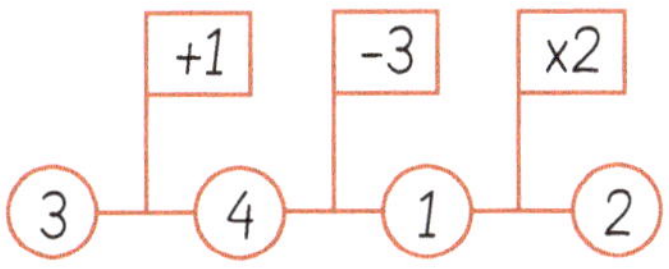

3.
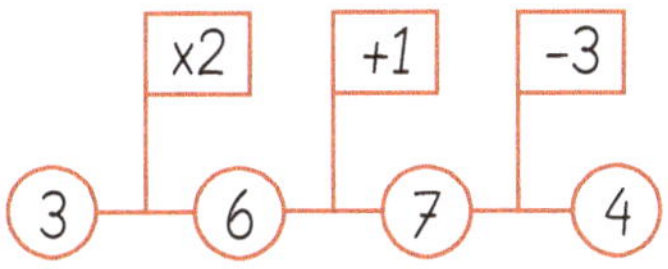

4.
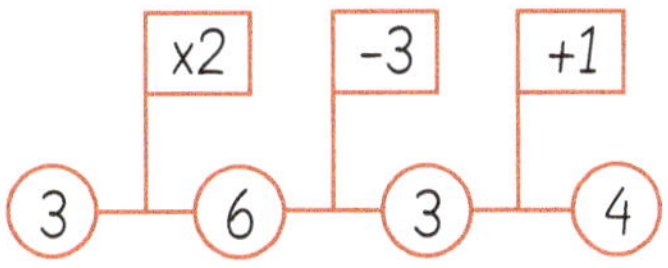

5.
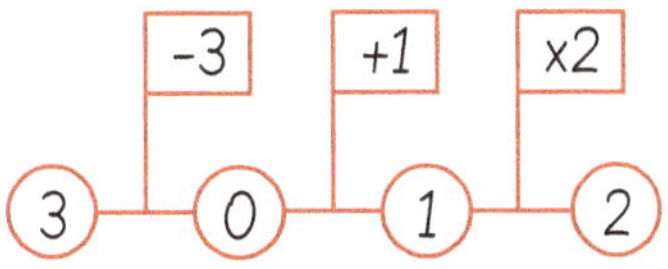

6.
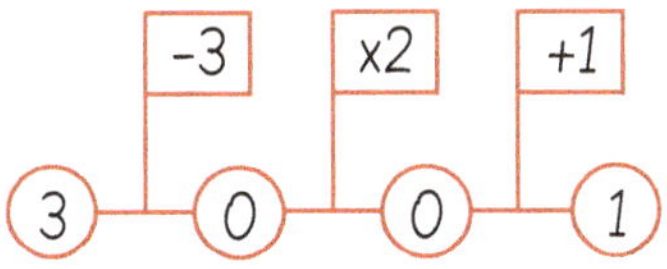

Page 249

1.
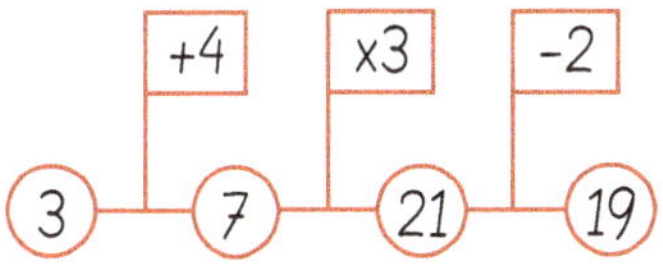

2.
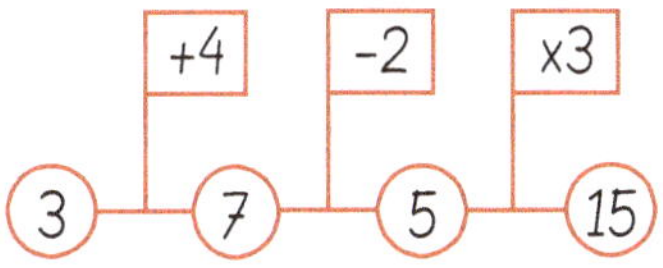

3.
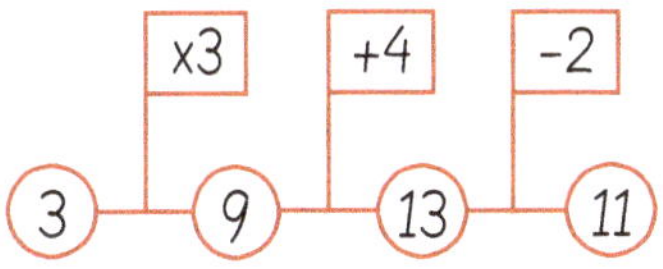

4.
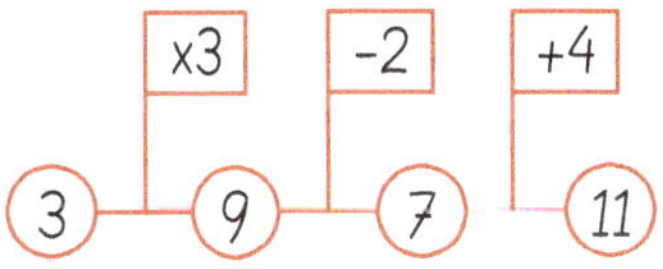

5.
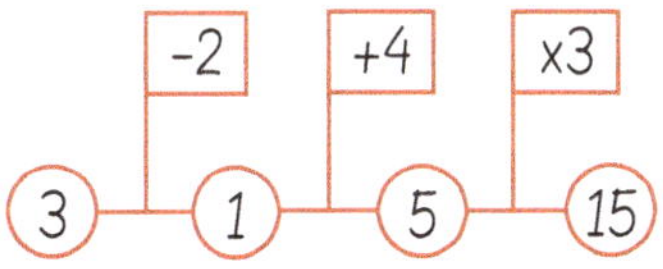

6.
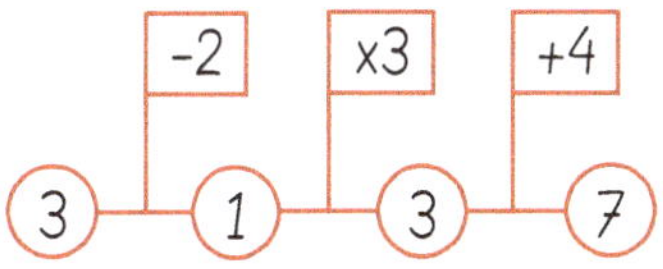

Page 250

1.
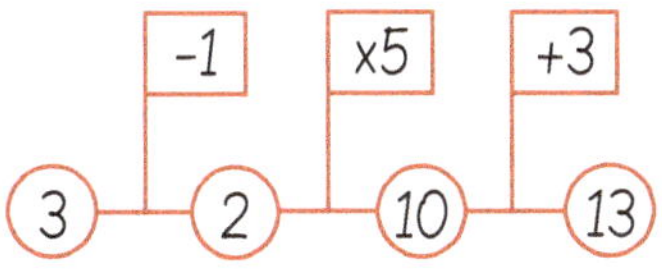

2.
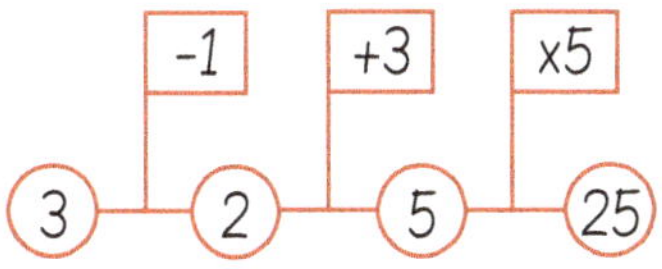

3.
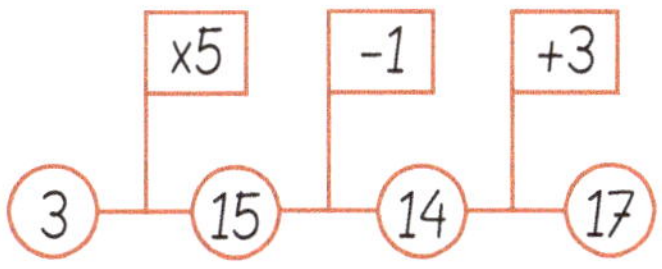

4.
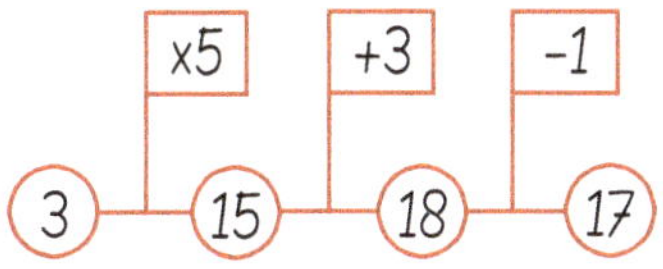

5. 3 → +3 → 6 → -1 → 5 → x5 → 25

6. 3 → +3 → 6 → x5 → 30 → -1 → 29

Page 251

1. 3 → +2 → 5 → x1 → 5 → -4 → 1

2. 3 → +2 → 5 → -4 → 1 → x1 → 1

3. 3 → x1 → 3 → +2 → 5 → -4 → 1

4. 3 → x1 → 3 → -4 → -1 → +2 → 1

5. 3 → -4 → -1 → +2 → 1 → x1 → 1

6. 3 → -4 → 1 → x1 → -1 → +2 → 1

Page 252

1. 3 → +2 → 5 → x2 → 10 → ÷2 → 5

2. 3 → +2 → 5 → ÷2 → 2.5 → x2 → 5

3. 3 → x2 → 6 → +2 → 8 → ÷2 → 4

4. 3 → x2 → 6 → ÷2 → 3 → +2 → 5

5. 3 → ÷2 → 1.5 → +2 → 3.5 → x2 → 7

6. 3 → ÷2 → 1.5 → x2 → 3 → +2 → 5

Page 253

1. 4 → x3 → -2 → 10

Tracy started with 7.

2. 12 → ÷2 → +4 → 10

Greg started with 12.

Page 254

1. I chose a number, multiplied it by 2, then added 2.
2. I chose a number, subtracted 3, then multiplied it by 2.
3. I chose a number, added 2, then multiplied it by 4.
4. I chose a number, added 1, then divided it by 2.

Page 259

4th pattern

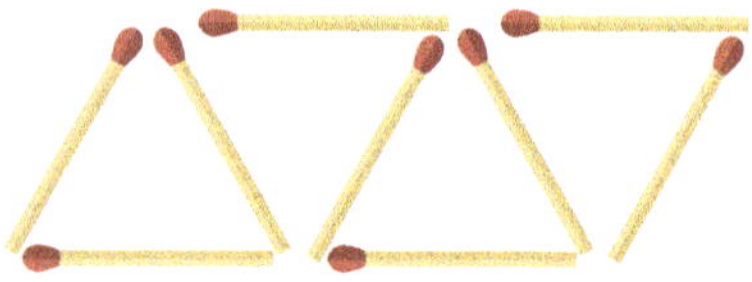

5th pattern

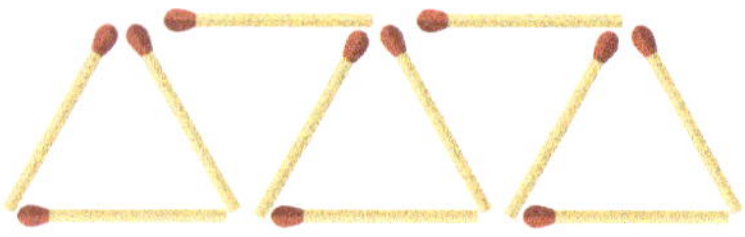

6th pattern

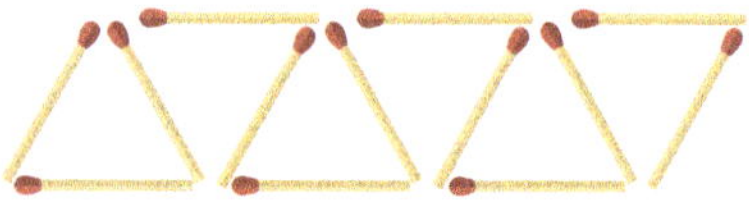

Number of triangles	Number of matches
1	3
2	5
3	7
4	9
5	11
6	13

The number of matches is **2** times the number of triangles plus **1**.

Page 260

4th pattern

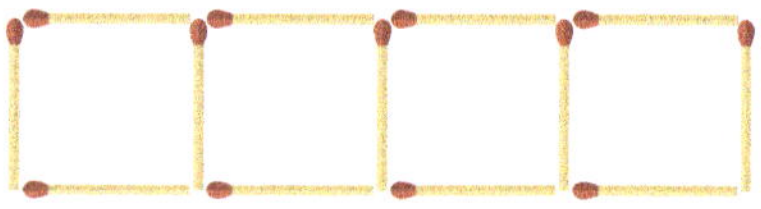

5th pattern

6th pattern

Number of squares	Number of matches
1	4
2	7
3	10
4	13
5	16
6	19

The number of matches is **3** times the number of squares plus **1**.

Page 261

1 gap = 3 rails
2 gaps = 6 rails
3 gaps → 9 rails

Number of gaps	Number of rails
1	3
2	6
3	9
4	12
5	15
6	18

The number of rails is **3** times the number of gaps.

Number of gaps	Number of rails
1	3
2	6
3	9
4	12
5	15
6	18
7	21
8	24
9	27
10	30
11	33

UNIT 16

Page 267

4, 5, 6, 7, 8

(1,4), (2,5), (3,6), (4,7), (5,8)

Page 269

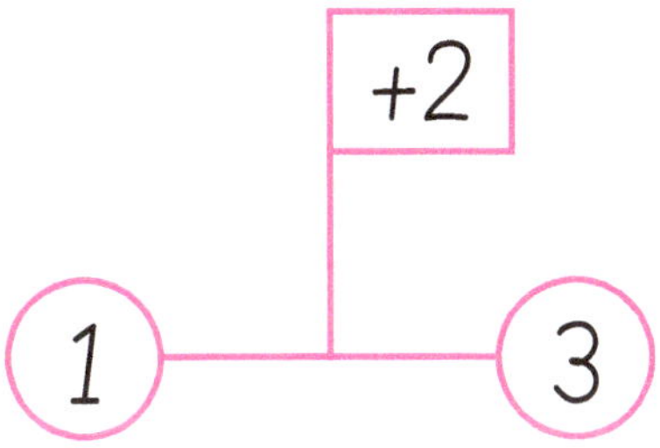

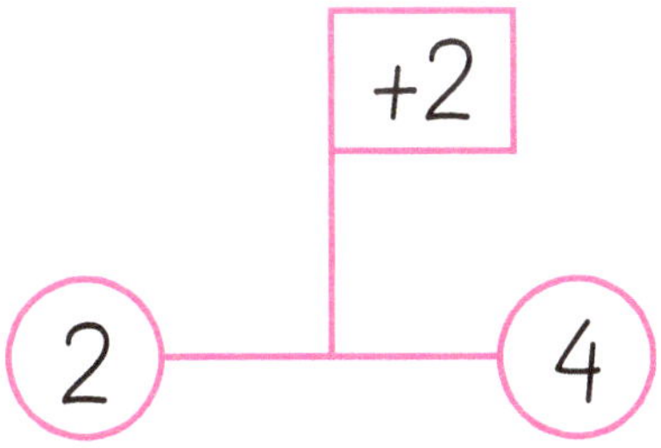

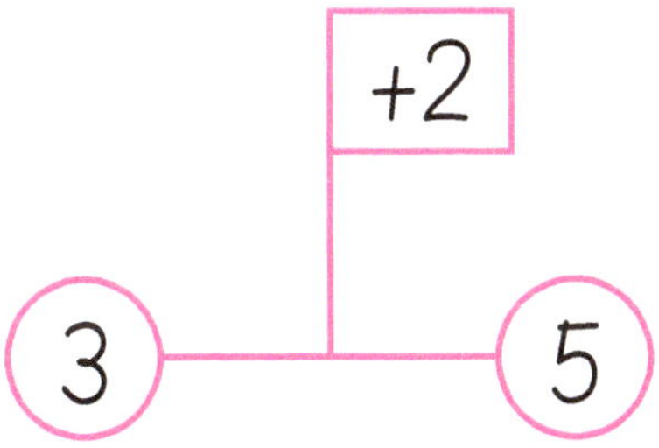

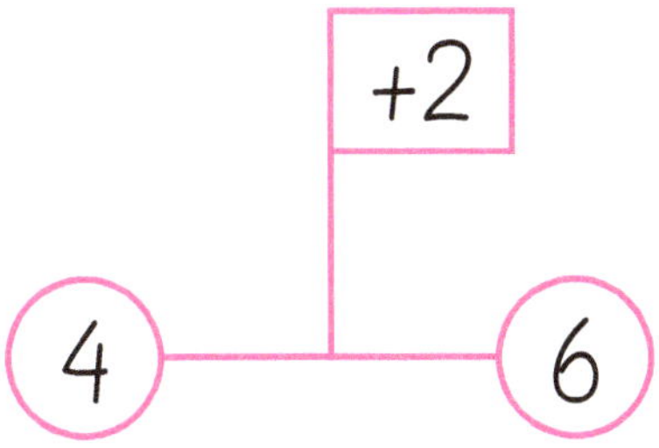

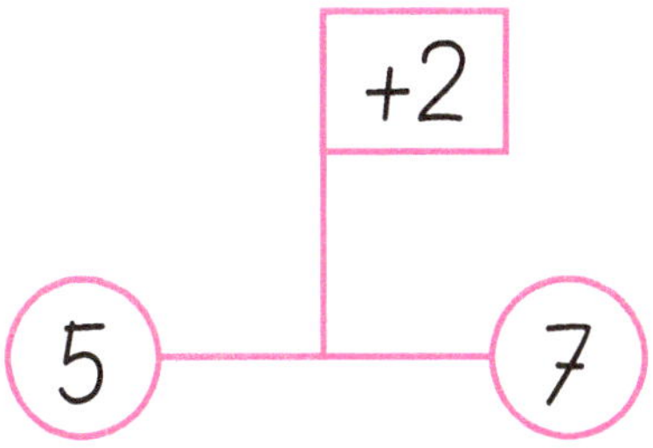

(1,3), (2,4), (3,5), (4,6), (5,7)

Page 269

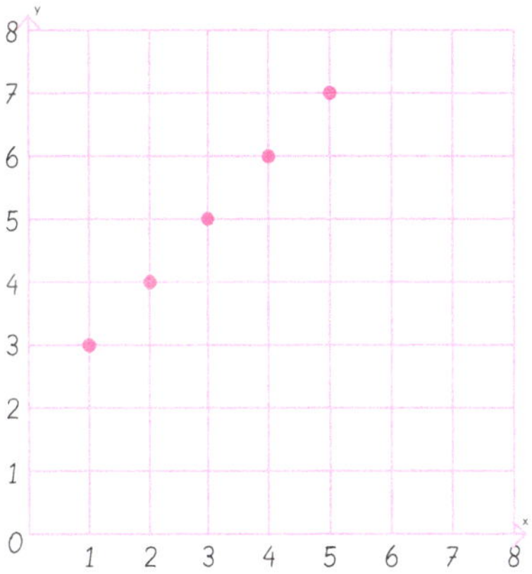

www.ingramcontent.com/pod-product-compliance
Lightning Source LLC
LaVergne TN
LVHW070308061126
851857LV00022B/2123